PLANETA ANIMAL

LAS FOCAS

POR CHRISTOPHER BAHN

CREATIVE EDUCATION • CREATIVE PAPERBACKS

Publicado por Creative Education y Creative Paperbacks
P.O. Box 227, Mankato, Minnesota 56002
Creative Education y Creative Paperbacks
son marcas editoriales de The Creative Company
www.thecreativecompany.us

Diseño de The Design Lab
Dirección de arte de Graham Morgan
Editado de Jill Kalz

Fotografías de flickr/Biodiversity Heritage Library, 8, 22-23; Getty Images/Douglas Klug, 5, George Karbus Photography, 13, Ian_Sherriffs, 18, Paul Souders, 14; Pexels/Niklas Jeromin, 16; Unsplash/Anchor Lee, 9, karlheinz_eckhardt Eckhardt, 6, Keith Luke, 21, Neil Cooper, 7; Wikimedia Commons/Andreas Trepte, 10, AWeith, 2, Magnus Johansson, 1, Mike Baird, 17, Piotrus, 20

Library of Congress Cataloging-in-Publication Data
Names: Bahn, Christopher (Children's story writer), author.
Title: Las focas / by Christopher Bahn.
Other titles: Seals. Spanish
Description: Mankato, Minnesota : Creative Education and Creative Paperbacks, [2025] | Series: Planeta animal | Includes bibliographical references and index. | Audience: Ages 6–9 | Audience: Grades 2–3 | Summary: "Discover the deep-sea-diving seal in this North American Spanish translation! Explore the marine mammal's anatomy, diet, ocean habitat, and life cycle. Captions, on-page definitions, a Celtic animal story, and an index support elementary-aged kids"—Provided by publisher.
Identifiers: LCCN 2024018555 (print) | LCCN 2024018556 (ebook) | ISBN 9798889895626 (library binding) | ISBN 9781682777473 (paperback) | ISBN 9798889895725 (ebook)
Subjects: LCSH: Seals (Animals)—Juvenile literature. | Seals (Animals)—Behavior—Juvenile literature. | Seals (Animals)—Life cycles—Juvenile literature.
Classification: LCC QL737.P64 B3418 2025 (print) | LCC QL737.P64 (ebook) | DDC 599.7915—dc23/eng/20240523

Impreso en China

Índice

Las focas comunes de puerto viven en los océanos Pacífico y Atlántico.

Las focas son elegantes animales marinos. Son excelentes nadadoras y buceadoras. Las focas pertenecen a un grupo de animales llamados pinnípedos. Otros pinnípedos son las morsas y los leones marinos. Hay unos 30 tipos de focas. Viven en todo el mundo.

marina del mar

Las focas descansan en las rocas para calentarse, relajarse y pasar tiempo con otras focas.

Las focas viven en aguas cálidas y frías. La mayoría vive alrededor de los polos Norte y Sur. Están bien adaptadas al agua fría del océano. La grasa y el pelo las mantienen calientes.

adaptado modificado para mejorar las posibilidades de supervivencia

grasa gruesa capa de grasa bajo la piel de algunos animales marinos

Las focas son de muchos tamaños. Las focas oceladas son pequeñas. Pesan una media de 100 libras (45 kilogramos). Los elefantes marinos del sur son los más grandes. Los machos pueden medir casi 20 pies (6,1 metros) y pesar más de 8,000 libras (3.629 kg).

Llamados así por ser animales terrestres, los elefantes marinos tienen una nariz especialmente grande.

Los colores de las focas van del blanco al negro parduzco.

Las focas tienen aletas delanteras y traseras. Las aletas hacen que las focas sean torpes en tierra. Sin embargo, en el agua ayudan a las focas a nadar rápido. Las focas pueden hacer giros rápidos y bruscos. Su forma suave y redondeada les ayuda a desplazarse por el agua.

aletas extremidades anchas y planas como palas

El buceo profundo es algo que las focas hacen muy bien. Algunas pueden sumergirse 2.000 pies (610 m). Pueden permanecer bajo el agua durante una hora. Sus ojos grandes y redondos les permiten ver bien en aguas oscuras y profundas.

Algunas focas nadan tan rápido que pueden disparar alto en el aire y aterrizar en hielo flotante.

Las focas comen carne. Se alimentan de peces. También comen animales de caparazón duro, como las almejas. Muchas focas tienen dientes en forma de cono. Las focas leopardo tienen dientes largos y afilados, como los tiburones. Cazan pingüinos y otras focas.

Los dientes de una foca leopardo están hechos para cortar y desgarrar la carne.

Muchas focas viven solas o en pequeños grupos la mayor parte del año. Recorren largas distancias en el mar en busca de alimento. Todas regresan a tierra para tener a sus crías. Algunas focas se reúnen en grandes grupos llamados colonias.

Las colonias pueden ser enormes, con decenas de miles de animales juntos en la playa.

Las crías de foca pueden parecer indefensas, pero tienen una mordedura afilada.

Las crías de foca se llaman cachorros. Las madres suelen parir una sola cría cada vez. Como todos los **mamíferos**, alimentan a sus crías con leche. Al cabo de cuatro a seis semanas, las crías son lo bastante mayores para atrapar peces solas.

mamíferos animales con pelo o piel que paren crías vivas y las alimentan con leche

Las focas son juguetonas e inteligentes. Los humanos las han adiestrado para hacer muchas cosas. Las focas hacen trucos en los zoológicos. Actúan en películas y programas de televisión. También ayudan en las búsquedas de la Marina de los EE.UU.

El mejor hogar de una foca son las aguas oceánicas.

Un cuento de focas

Las selkies son criaturas marinas mágicas que pueden cambiar de forma. Son como sirenas. Los habitantes de Irlanda y Escocia tienen muchas historias antiguas sobre ellas. Las selkies a menudo se transforman de focas a humanos quitándose la piel. A veces se enamoran de humanos, pero su corazón pertenece al mar.

Índice